CONEXÕES DA MATEMÁTICA NA BNCC de Bolso

Reflexões para a prática em sala de aula

Luiz Roberto Dante

1ª Edição | 2022

© Arco 43 Editora LTDA. 2022
Todos os direitos reservados
Texto © Luiz Roberto Dante

Presidente: Aurea Regina Costa
Diretor Geral: Vicente Tortamano Avanso
Diretor Administrativo
Financeiro: Dilson Zanatta
Diretor Comercial: Bernardo Musumeci
Diretor Editorial: Felipe Poletti
Gerente de Marketing
e Inteligência de Mercado: Helena Poças Leitão
Gerente de PCP
e Logística: Nemezio Genova Filho
Supervisor de CPE: Roseli Said
Coordenadora de Marketing: Lívia Garcia
Analista de Marketing: Miki Tanaka

Realização

Direção Editorial: Helena Poças Leitão
Texto: Luiz Roberto Dante
Edição: Katia Queiroz
Revisão: Texto Escrito
Direção de Arte: Miki Tanaka
Projeto Gráfico e Diagramação: Miki Tanaka
Coordenação Editorial: Lívia Garcia
Imagens: Shutterstock

```
           Dados Internacionais de Catalogação na Publicação (CIP)
                   (Câmara Brasileira do Livro, SP, Brasil)

     Dante, Luiz Roberto
        Conexões da matemática na BNCC de bolso :
     reflexões para a prática em sala de aula / Luiz
     Roberto Dante. -- 1. ed. -- São Paulo : Arco 43
     Editora, 2022. -- (De Bolso)

        Bibliografia.
        ISBN 978-65-86987-40-9

        1. Aprendizagem - Metodologia 2. BNCC -
     Base Nacional Comum Curricular 3. Educação
     4. Matemática - Estudo e ensino I. Título
     II. Série.

 22-134475                                          CDD-510.7
                     Índices para catálogo sistemático:

      1. Matemática : Estudo e ensino    510.7
```

1ª edição / 1ª impressão, 2022
Impressão: Gráfica Hawaii e Editora.

Rua Conselheiro Nébias, 887 – Sobreloja
São Paulo, SP – CEP: 01203-001
Fone: +55 11 3226 -0211
www.editoradobrasil.com.br

CONEXÕES DA MATEMÁTICA NA BNCC de Bolso

Reflexões para a prática em sala de aula

Luiz Roberto Dante

Luiz Roberto Dante

Licenciado em Matemática pela Unesp de Rio Claro; mestre em Matemática pela USP de São Carlos; doutor em Psicologia da Educação pela PUC de São Paulo; livre docente em Educação Matemática pela Unesp de Rio Claro; palestrante em congressos em treze países. Ex-presidente da Sociedade Brasileira de Educação Matemática; ex-secretário executivo do Comitê Interamericano de Educação Matemática; um dos redatores dos Parâmetros Curriculares Nacionais (PCN) de Matemática para o MEC. Autor de livros didáticos e paradidáticos de Matemática desde a educação infantil até o ensino médio.

Homenagem ao Professor Clodoaldo Pereira Leite,

excelente professor de Matemática da rede pública do Ensino Fundamental, que participou de praticamente todas as minhas publicações didáticas.

"Para um professor de Matemática, são requisitos importantes: a atualização constante e o desenvolvimento, com os alunos, de atividades com conteúdos e processos de resolução diversificados."
(C. P. Leite)

Sumário

INTRODUÇÃO 13

1 A GRANDE IMPORTÂNCIA DAS CONEXÕES COM OUTRAS ÁREAS DO CONHECIMENTO PARA UMA APRENDIZAGEM SIGNIFICATIVA DA MATEMÁTICA 19

2 O QUE DIZEM A BASE NACIONAL COMUM CURRICULAR (BNCC) E OS PARÂMETROS CURRICULARES NACIONAIS (PCN) 27

3 ALGUMAS CONEXÕES DA MATEMÁTICA COM OUTRAS ÁREAS DO CONHECIMENTO, NA EDUCAÇÃO INFANTIL 35

4 ALGUMAS CONEXÕES DA MATEMÁTICA COM OUTRAS ÁREAS DO CONHECIMENTO, NOS ANOS INICIAIS DO ENSINO FUNDAMENTAL (1º AO 5º ANO) 43

5 ALGUMAS CONEXÕES DA MATEMÁTICA COM OUTRAS ÁREAS DO CONHECIMENTO, NOS ANOS FINAIS DO ENSINO FUNDAMENTAL (6º AO 9º ANO) 53

6 ALGUMAS CONEXÕES DA MATEMÁTICA COM OUTRAS ÁREAS DO CONHECIMENTO, NO ENSINO MÉDIO 67

   6.1 Proposta 1 – conexão com a Biologia 68
   6.2 Proposta 2 – conexão com a Química 71
   6.3 Proposta 3 – conexão com a Geografia 72

6.4 Proposta 4 – conexão com a Medicina..................75
6.5 Proposta 5 – conexão com a Arte........................77
6.6 Proposta 6 – conexão com a Arquitetura..............78
6.7 Proposta 7 – conexão com a Geologia..................80
6.8 Proposta 8 – conexão com Educação Financeira....82
6.9 Proposta 9 – conexão com a Física......................83
6.10 Proposta 10 – conexão com a Língua Portuguesa...85

CONSIDERAÇÕES FINAIS 87

REFERÊNCIAS 89

PARA SABER MAIS 91

INTRODUÇÃO

Uma grande preocupação que norteia educadores e autoridades educacionais, não só do Brasil, mas em diversos países, é o ensino e a aprendizagem da Matemática. Os resultados são preocupantes e constatamos que estudantes aprendem pouco e os saberes adquiridos quase não têm serventia no exercício pleno de sua cidadania.

Repensar nossa prática é fundamental e, para isso, contamos com a imprescindível contribuição dos meios acadêmicos, de educadoras e educadores renomados, bem como a experiência de quem convive diariamente com essa situação: professoras e professores. Portanto, essa é uma conversa de docente para docente, de quem convive com o problema dentro de uma sala de aula. O presente texto é um convite à reflexão e, também, uma tentativa de abrir horizontes, propor atitudes para que possamos, juntos, alterar para melhor esse quadro insatisfatório no aprendizado da Matemática.

Não é difícil constatar que aulas de Matemática e avaliações, para muitas pessoas, evocam memórias que remetem ao sentimento de medo e às grandes dificuldades. Às vezes, nos deparamos com depoimentos de estudantes que retratam situações de descontentamento e desmotivação para com essa área do conhecimento ou, ainda, um sentimento de incapacidade ou limitação para aprender Matemática. Essa questão tem preocupado docentes, pesquisadoras e pesquisadores há várias décadas e motivado a busca de alternativas para contornar tais obstáculos.

Um dos aspectos que suscitam reflexão é a própria natureza dos saberes matemáticos e como se dá o seu ensino. O que significa efetivamente ensinar Matemática? Será que é possível ensinar como raciocinar ou apenas conseguimos transmitir alguns algoritmos e padrões usuais para a solução de determinados problemas? É verdade que a Matemática é muito difícil e que apenas algumas pessoas são capazes de aprender saberes matemáticos ou se trata de um modo de conhecer acessível a todos e que se relaciona com a vida cotidiana? Outro aspecto que merece reflexão importante é que, muitas vezes, constatamos que o que foi aprendido num determinado tópico, depois de algum tempo, às vezes apenas de um ano para outro, não será mais lembrado. Se ensinar tem se mostrado uma tarefa difícil, saber que esse aprendizado foi perdido é muito preocupante, ou seja, constatar que as **informações** que passamos não se consolidam em **saberes matemáticos**, em **conhecimento**.

Se perguntarmos a estudantes ao final da educação básica do que se trata o seguinte enunciado: "O quadrado da medida da hipotenusa é igual à soma dos quadrados das medidas dos catetos", a resposta certamente será que se trata do Teorema de Pitágoras. Mas, se perguntarmos como se calcula a soma dos 100 primeiros termos da sequência: 1; 3; 9; 27; 81; ..., vamos nos surpreender com a quantidade de não respostas ou de respostas equivocadas. Temos aí duas situações: uma informação se transformou em conhecimento e outra, não. Por que isso acontece? Vamos, ao longo desse texto, tentar responder a esse questionamento, porém já adiantamos que tem a ver com a forma que estamos ensinando a Matemática, que, durante muito tempo, foi ensinada apenas de modo abstrato e com foco em formalizações.

Os debates da área da educação matemática foram nos mostrando que estávamos ensinando a Matemática pela Matemática, como uma ciência (ou uma linguagem) hermética, isolada do mundo real, apartada da vida das pessoas. Desse modo, a sensação dos e das estudantes era de que a Matemática estava pronta e acabada, não provocava reflexões e se mostrava de pouca serventia.

A Matemática nunca foi, não é e nunca será uma ciência acabada e fechada em si mesma. A Matemática é uma ciência humana, construída com base nas necessidades socioculturais dos povos ao longo dos séculos, desde contar as ovelhas e medir as terras às margens do rio Nilo, até as atuais viagens espaciais.

Vamos voltar ao exemplo de Teorema de Pitágoras, que sempre temos apresentado como uma solução consolidada e inquestionável, como se fosse inviável pensar em outras formas de se chegar à tese proposta. A ideia de estimular os estudantes a buscar novos caminhos para a solução de problemas já resolvidos há séculos por matemáticos nos parecia perda de tempo. Devemos entender que não é. Tínhamos a impressão de que inovações eram impossíveis e de que não havia outros caminhos lógicos e estimulantes. Muitas vezes, em sala de aula, pretendendo que compreendessem, por exemplo, que 1/3 de 1/2 é um 1/6, limitávamo-nos a fazer com que memorizassem a regra para encontrar a fração de uma fração. Nem sempre nos parecia um bom uso do tempo orientar para a busca de novos e variados caminhos de raciocínio, quando já conhecemos as fórmulas e algoritmos que levam rapidamente à solução.

Um problema didático, nesse sentido, é que a Matemática como uma receita pronta, parada no tempo, sem promover a criatividade, era altamente desestimulante. E, se é verdade que alguns e algumas estudantes se envolviam em aulas desse tipo, é também verdade que a maioria se desinteressava e acabava não compreendendo o que se passava nas aulas. Pensando nesses desafios, o debate sobre o ensino de Matemática, em que participam professores e professoras do Brasil e de outros países do mundo, tem enfatizado a importância de articular, de **conectar** os saberes matemáticos com diversos contextos e saberes da vida cotidiana. Não se trata de recusar a especificidade do raciocínio matemático, mas de sublinhar as relações entre a Matemática e outras áreas do conhecimento, em ressaltar a importância de que as aulas de Matemática não podem ficar isoladas das demais aprendizagens realizadas na escola. Temos observado que estabelecer **conexões** com outros saberes torna o aprendizado da Matemática mais acessível, estimulante e significativo para quem aprende.

Isso nos remete a uma pergunta que não deixa de comparecer com grande frequência às nossas aulas: **para o que serve isso que estou aprendendo?** Ocorre que muitas vezes ficamos sem resposta ou "saímos pela tangente". Embora nem todos os conhecimentos ensinados na escola precisem ser justificados por sua utilidade imediata na vida cotidiana, é evidente que o currículo escolar vinha tendo excessiva dificuldade de mostrar-se útil. Esse aspecto merece nossa atenção e uma reflexão cuidadosa – e não se trata de uma preocupação apenas da escola brasileira. Educadores e educadoras de vários países já tinham identificado essa incômoda situação e começaram a buscar saídas inovadoras para o ensino. Isso mostra que esses debates, que ocorrem em âmbito mundial, não são tão recentes assim.

Os currículos escolares implantados nos últimos tempos, inclusive no Brasil, incorporam vários desses avanços e preocupações. Nas últimas décadas, as discussões envolvendo a educação matemática têm enfatizado a necessidade e a ossibilidades de a Matemática estar conectada com outras áreas do saber e articulada a questões do dia a dia.

Estudos recentes mostram, entre outras coisas, que a Matemática não pode estar desconectada dos avanços tecnológicos, principalmente na área da informática. Também tem ficado evidente, pelo avanço das pesquisas na área, que a contextualização e as aplicações dos saberes matemáticos, sem retirar das aulas o que é específico do raciocínio matemático, permitem dar sentido a essas formas de raciocinar, pelos exemplos concretos e pela proximidade com as vivências dos estudantes e pessoas de sua convivência.

Dado o fato de que por muito tempo as escolas se detiveram no ensino da Matemática pela Matemática, a necessidade de reorganizar as formas de ensinar nos traz algumas dificuldades. Falta-nos familiaridade com os modos de trazer o cotidiano para as aulas de Matemática e a proposição de estabelecer conexões com outras áreas do conhecimento; embora possa parecer interessante, esbarra na falta de exemplos de proposições didáticas que possam dar concretude à ideia.

Afinal, como realizar essas conexões sem que a especificidade da Matemática não deixe de ter centralidade nas aulas? Foi pensando nisso que preparamos o presente material, que traz a atualização quanto ao que aparece nos documentos curriculares nacionais em vigência, bem como traz alguns exemplos para dar suporte à inovação das suas aulas!

1 A GRANDE IMPORTÂNCIA DAS CONEXÕES COM OUTRAS ÁREAS DO CONHECIMENTO PARA UMA APRENDIZAGEM SIGNIFICATIVA DA MATEMÁTICA

> "O saber que não vem da experiência não é realmente saber'"
> (Lev Vygotsky)[2]

Linhas atrás, comentamos a grande dificuldade em transformarmos as informações recebidas pelos estudantes em um conhecimento efetivo, capaz de lhes proporcionar a construção do saber matemático. As informações não se consolidam e, em curto espaço de tempo, são esquecidas. Mas, o que faz com que essas informações se transformem em conhecimento? É o uso social, a aplicação; é isso que promove a mudança de um patamar a outro.

---

1 REGO, Teresa Cristina. **Lev Vygotsky**: o teórico do ensino como processo social. São Paulo: Ed. Abril, 2008.

2 Lev Semenovitch Vygotsky (1986-1934), psicólogo nascido na Bielorrússia. Tratava da aquisição de conhecimentos pela interação do sujeito com o meio como questão central.. Disponível em: http://www.gestaoescolar.diaadia.pr.gov.br/modules/conteudo/conteudo.php?conteudo=326. Acesso em: 4 abr. 2022.

É aí que entram as conexões. Já citamos o exemplo do Teorema de Pitágoras. Quando uma pessoa estuda Física e tem que trabalhar composições de forças, irá, em algum momento, aplicar essa informação; quando dá início ao estudo da trigonometria, por exemplo, fará uso desse teorema. As inúmeras vezes que essa teoria estabeleceu a conexão da Matemática com outras disciplinas obrigaram essa pessoa a fazer uso, a aplicar uma informação. Isso é que gera o conhecimento. Note pelo exemplo que a conexão pode estar dentro da própria Matemática.

A história é farta de exemplos de como a Matemática fazia conexões com o dia a dia de nossa civilização, desde os primórdios. De forma incipiente e muito rudimentar, essa vertente do conhecimento começava a dar seus primeiros passos quando *contar* foi a primeira atividade que levou os seres humanos a se valeram da Matemática para exercer suas tarefas cotidianas. Também a necessidade de *medir* aparece com grande destaque nos períodos mais recuados da história da Matemática, como podemos notar em exemplos de civilizações que viveram na Mesopotâmia, no Egito ou na América Central. Assim, podemos perceber que as práticas de contar e medir são conexões que se referem a necessidades básicas desses povos. Como destacava o professor Ubiratan D'Ambrosio[3]:

---

3   Ubiratan D'Ambrósio, foi o criador da Etnomatemática, que reconhece a Matemática nos diferentes contextos sociais, econômicos e culturais. Atuou em diversos projetos ligados à Educação, incluindo um programa, do qual era responsável, da Organização das Nações Unidas para a Educação, a Ciência e a Cultura (Unesco) para formação de doutores em matemática em Mali, na África, cujo formato posteriormente ele aplicou na América Latina e no Caribe. Disponível em: www.unicamp.br/unicamp/noticias. Acesso em: 4 abr. 2022.

> [...] as ideias matemáticas compareceram em toda evolução da humanidade, definindo estratégias de ação para lidar com o ambiente, criando e desenhando instrumentos para esse fim, e buscando explicações sobre os fatos e fenômenos da natureza para a própria existência (1999, p. 97).

Embora a Matemática nunca tenha se distanciado da realização de atividades relevantes para o bom funcionamento das sociedades, de algum modo seu ensino foi sendo apartado desses contextos. É verdade que a Matemática foi avançando para além das necessidades humanas imediatas, permitindo alcançar raciocínios mais elaborados e abstratos. Por outro lado, na escola, a Matemática e os demais componentes curriculares foram assumindo uma formalização excessiva que parecia ser necessária para transformar esses conhecimentos em saberes "ensináveis", em disciplinas escolares. Isso acabou por dar ao currículo escolar uma feição, por vezes, muito artificial e, não raro, fez dos conteúdos do ensino algo incompreensível para grande parte das pessoas.

Dois aspectos merecem ser observados no que se refere ao distanciamento da Matemática com relação às questões do cotidiano e à sua excessiva abstração e formalização no ensino escolar. O primeiro deles é que a Matemática, como muitas outras áreas, é um campo de especialização ativo, com pesquisas sendo realizadas a todo momento e importante aprofundamento em termos de conhecimento. No entanto, nas salas de aula da educação básica, o objetivo não é formar matemáticos profissionais e, sim, ensinar Matemática para **todas** as pessoas. Assim, faz sentido que as escolhas curriculares deem centralidade àquilo que faz parte da vida cotidiana e não ao conhecimento matemático específico.

Não se trata de dar pouca importância aos conhecimentos mais abstratos e especializados, mas de enfatizar que os objetivos do ensino na Educação Básica precisam ser coerentes com os propósitos desse nível de ensino. Outro ponto que merece atenção diz respeito ao fato de que, mesmo quando a intenção é fazer com que estudantes tenham domínios muito aprofundados em uma área de conhecimento, é preciso começar pelos raciocínios mais simples e intuitivos, por conhecimentos mais próximos do cotidiano. Caso contrário, não conseguimos bons resultados em termos de aprendizagem. É como se quiséssemos começar a subir uma escada pisando inicialmente no sexto degrau; o resultado é a impossibilidade de subir a escada. Ao contrário do que pode parecer, não se ganha tempo ao pular etapas, porque essas tentativas, em geral, conduzem à não aprendizagem.

Evidentemente que a situação é complexa. Estudar a Matemática pela Matemática pode ser, sim, nos cursos de graduação do Ensino Superior, uma necessidade. Se tomarmos, por exemplo, a Geometria Fractal, que poderia, a princípio, parecer um devaneio de algumas mentes privilegiadas, temos que reconhecer que hoje já sabemos de muitas das suas utilidades, por exemplo, gerar figuras muito bonitas e padrões que podem ser utilizados em sistemas de codificação de senhas. Em algum momento, a Matemática pela Matemática e suas descobertas podem ser úteis à humanidade.

O que vinha sendo praticado nos Ensinos Fundamental e Médio era o ensino de Matemática pela Matemática, sem conexão com o mundo, sem deixar claras (ou possíveis de entender) as possibilidades para sua utilização na vida cotidiana e suas relações com o mundo empírico. Isso vinha resultando em um ensino desestimulante, com pouca aprendizagem – ou à aprendizagem de poucas pessoas. A constatação foi desoladora: a maior parte dos e das estudantes estava saindo do Ensino Médio sabendo muito pouco de Matemática. Mesmo os que eram considerados(as) bons e boas, muitas vezes, terminavam o 3º ano capazes de resolver uma equação trigonométrica envolvendo funções inversas, mas incapazes de saber como calcular a economia obtida ao liquidar as prestações de um eletrodoméstico antes do fim do prazo de financiamento.

Isso pode parecer que somos contra um mínimo de abstração e rigor, o que não é verdade, até porque a Matemática exige isso em qualquer nível. O que nos opomos é ao exagero, a um rigor formal, cujo tempo para domínio de conteúdo criará um afastamento das questões práticas do dia a dia e das conexões, provocando um natural desinteresse pelo componente curricular. Claro que um mínimo de rigor se faz necessário. Ao estudarmos função, é útil se entender o que vem a ser domínio, contradomínio e imagem, mas que utilidade tem, na Educação Básica, saber que uma função só tem inversa se for bijetora?

Os tempos são outros. Hoje a demanda que se apresenta é que as **conexões matemáticas** sejam assumidas como *elemento primordial* durante todo processo de escolarização. Situações concretas do cotidiano devem estar conectadas à aprendizagem da Matemática. Com base nelas, vamos caminhando no sentido do domínio da linguagem matemática e do aprofundamento do raciocínio abstrato – e não o inverso! Ou seja, ao invés de explicar um conceito e, depois, mostrar exemplos de aplicação no dia a dia, tem se mostrado mais produtivo para o avanço das aprendizagens partir de situações contextualizadas e seguir desenvolvendo o raciocínio em aspectos mais especificamente matemáticos. O conceito de conexão pressupõe uma postura mais flexível e valoriza o saber específico de educadoras e educadores de Matemática, de quem não se espera a aplicação acrítica e engessada do currículo, mas que seja capaz de alterar a ordem previamente estabelecida para o ensino dos conteúdos curriculares, adaptando o planejamento de modo a dar coerência ao processo de ensino e aprendizagem e a tirar proveitos da interação e do envolvimento dos e das estudantes, com as possibilidades de raciocínio que surgem em cada proposta. Por outro lado, também é de se esperar que docentes sejam capazes de identificar situações no entorno que façam surgir a oportunidade da abordagem dos conteúdos curriculares previstos para cada fase de aprendizagem.

Como o aprendizado da Matemática se faz no contexto da escola, é de fundamental importância a conexão, sempre que possível, com os demais componentes curriculares. Essas conexões podem acontecer no trabalho conjunto entre professoras e professores de diferentes áreas do conhecimento, mas também pode mobilizar a capacidade que do(a) professor(a) de Matemática tem em transitar por outros temas. Nesse caso, é importante observar que se, por exemplo, a proposta leva para a sala de aula um tema de Ciências da Natureza com grande potencial para trabalhar um saber matemático específico, o(a) docente de Matemática não precisa dominar com profundidade o conhecimento da outra área. A intenção é trabalhar em colaboração, valorizando o que os saberes que os e as estudantes têm da área de conhecimento, pesquisando conjuntamente e quando é imprescindível um pouco mais de aprofundamento, convidando o(a) professor(a) de Ciências da Natureza para esclarecer um ponto ou outro, ou mesmo deixando a compreensão das questões mais específicas daquela área para outra circunstância, focando a Matemática ali envolvida. Isso permite que se perceba que, no processo de estudo e avanço no domínio dos conhecimentos, temos que ter em mente, que sempre há algo que poderemos nos apropriar mais e melhor.

Não podemos, claro, deixar de evidenciar a conexão da Matemática com as tecnologias digitais que chegaram definitivamente em nossas vidas. Elas são dinâmicas, evoluem numa velocidade extraordinária e se constituem em ferramentas de uso imprescindíveis.

Por fim, para além das conexões com outros componentes curriculares (conexões externas), temos que pensar nas conexões internas à própria Matemática, pois elas também são muito importantes e, frequentemente, ficam negligenciadas no cotidiano da sala de aula. Já não estamos mais no tempo em que havia um(a) professor(a) de Álgebra, outro(a) de Aritmética ou de Trigonometria. Nesse sentido, para não cair nessa "armadilha", é importante lembrar, por exemplo, que é possível – e pode ser muito estimulante – relacionar um problema de probabilidade com um de progressão geométrica; ou, ainda, o estudo de estatística com ferramentas da aritmética, com base na análise de uma matéria jornalística. Isso só para dar alguma pista das muitas possibilidades de conexões que podem surgir quando trabalhamos com questões e materiais provenientes do mundo real.

Pode-se eventualmente propor um problema que envolva apenas a Matemática, como desafio ao raciocínio ou para utilizar uma informação com o intuito de fixar um conceito para transformá-lo em conhecimento. Nessas situações é que é possível estabelecer conexão da Matemática com a própria Matemática.

Enfim, tornar a Matemática mais atrativa e prazerosa passa pelo entendimento de sua utilidade e, principalmente, por nossa capacidade, como educadoras e educadores, em estabelecer a conexão do saber matemático com o entorno em que vivem nossos e nossas estudantes.

2 O QUE DIZEM A BASE NACIONAL COMUM CURRICULAR (BNCC) E OS PARÂMETROS CURRICULARES NACIONAIS (PCN)

Os documentos curriculares oficiais em vigência no Brasil assumem como concepção geral a importância da articulação entre as diversas áreas do conhecimento. Como consta no Parecer CNE/CEB nº 11/2010, emitido pelo Conselho Nacional de Educação, em 2010, a própria organização em áreas do conhecimento é um aspecto importante, já que as áreas "favorecem a comunicação entre os conhecimentos e saberes dos diferentes componentes curriculares" (BRASIL, 2010, p. 27). De acordo com a Base Nacional Comum Curricular (BNCC), "Elas se intersectam na formação dos alunos, embora se preservem as especificidades e os saberes próprios construídos e sistematizados nos diversos componentes" (BRASIL, 2018, p. 27). Ainda nesse sentido,

> [...] a BNCC propõe a superação da fragmentação radicalmente do conhecimento, o estímulo à sua aplicação na vida real, a importância do contexto para dar sentido

> ao que aprende e o protagonismo do estudante em sua aprendizagem e na construção do seu projeto de vida (BRASIL, 2018, p.15).

A preocupação de que o ensino não esteja distante da realidade vivenciada pelos e pelas estudantes é evidente nesses documentos. Assim, afirma-se que todo o aparato legal que organiza as diretrizes curriculares para o Brasil assumiu a "concepção do conhecimento curricular contextualizado pela realidade local, social e individual da escola e do seu alunado" (BRASIL, 2018, p. 11). Isso implica o compromisso com a educação integral, sem a segmentação de saberes e a desarticulação entre os níveis de ensino. Tal propósito apresenta-se do modo explícito na BNCC, que:

> Reconhece, assim, que a Educação Básica deve visar à formação e ao desenvolvimento humano global, o que implica compreender a complexidade e a não linearidade desse desenvolvimento, rompendo com visões reducionistas que privilegiam ou a dimensão intelectual (cognitiva) ou a dimensão afetiva. Significa, ainda, assumir uma visão plural, singular e integral da criança, do adolescente, do jovem e do adulto – considerando-os como sujeitos de aprendizagem – e promover uma educação voltada ao seu acolhimento, reconhecimento e desenvolvimento pleno, nas suas singularidades e diversidades (BRASIL, 2018, p. 14).

Desse modo, a BNCC determina o compromisso com uma prática de ensino que tenha como foco:

> [...] a construção intencional de processos educativos que promovam aprendizagens sintonizadas com as necessidades, as possibilidades e os interesses dos estudantes e, também, com os desafios da sociedade contemporânea. Isso supõe considerar as diferentes infâncias e juventudes, as diversas culturas juvenis e seu potencial de criar novas formas de existir (BRASIL, 2018, p. 14).

As competências gerais da educação básica permitem notar a coerência entre as intencionalidades indicadas e a preocupação em garantir um conjunto de aprendizagens essenciais. Dentre as 10 competências gerais estabelecidas na BNCC, quatro se destacam pela ênfase colocada nas conexões entre áreas do conhecimento:

> [...]
> 2 – Exercitar a curiosidade intelectual e recorrer à abordagem própria das ciências, incluindo a investigação, a reflexão, a análise crítica, a imaginação e a criatividade, para investigar causas, elaborar e testar hipóteses, formular e resolver problemas e criar soluções (inclusive tecnológicas) com base nos conhecimentos das diferentes áreas.
> [...]
> 4 – Utilizar diferentes linguagens – verbal (oral ou visual-motora, como Libras, e escrita), corporal, visual, sonora e digital –, bem como os conhecimentos das linguagens artística, matemática e científica, para se expressar e partilhar informações, experiências, ideias e sentimentos em diferentes contextos e produzir sentidos que levem ao entendimento mútuo.
> [...]

> 6 – Valorizar a diversidade de saberes e vivências culturais e apropriar-se de conhecimentos e experiências que lhe possibilitem entender as relações próprias do mundo do trabalho e fazer escolhas alinhadas ao exercício da cidadania e ao seu projeto de vida, com liberdade, autonomia, consciência crítica e responsabilidade.
> [...]
> 7- Argumentar com base em fatos, dados e informações confiáveis, para formular, negociar e defender ideias, pontos de vista e decisões comuns que respeitem e promovam os direitos humanos, a consciência socioambiental e o consumo responsável em âmbito local, regional e global, com posicionamento ético em relação ao cuidado de si mesmo, dos outros e do planeta. [...] (BRASIL, 2018, p. 9).

Ainda que na organização estabelecida pela BNCC, a Matemática seja o único componente curricular da área em que está inserida, um currículo mais articulado e contextualizado não a deixa de fora. Nesse aspecto, o propósito do ensino de Matemática na Educação Básica é assim apresentado::

> O conhecimento matemático é necessário para todos os alunos da Educação Básica, seja por sua grande aplicação na sociedade contemporânea, seja pelas suas potencialidades na formação de cidadãos críticos, cientes de suas responsabilidades sociais. (BRASIL, 2018, p. 265).

No Ensino Fundamental, espera-se que

> [...] essa área, por meio da articulação de seus diversos campos – Aritmética, Álgebra, Geometria, Estatística e Probabilidade –,

> precisa garantir que os alunos relacionem observações empíricas do mundo real a representações (tabelas, figuras e esquemas) e associem essas representações a uma atividade matemática (conceitos e propriedades), fazendo induções e conjecturas. Assim, espera-se que eles desenvolvam a capacidade de identificar oportunidades de utilização da matemática para resolver problemas, aplicando conceitos, procedimentos e resultados para obter soluções e interpretá-las segundo os contextos das situações (BRASIL, 2018, p. 265).

Além disso, o compromisso que o ensino deve assumir com o desenvolvimento do *letramento matemático* implica a conexão entre diversas áreas:

> O desenvolvimento dessas habilidades está intrinsecamente relacionado a algumas formas de organização da aprendizagem matemática, com base na análise de situações da vida cotidiana, de outras áreas do conhecimento e da própria Matemática (BRASIL, 2018, p. 266).

Também no Ensino Médio, a necessidade de contextualização e conexão com outras áreas é enfatizada:

> No Ensino Médio, na área de *Matemática e suas Tecnologias*, os estudantes devem consolidar os conhecimentos desenvolvidos na etapa anterior e agregar novos, ampliando o leque de recursos para resolver problemas mais complexos, que exijam maior reflexão e abstração. Também devem construir uma visão mais integrada da Matemática, da Matemática

> com outras áreas do conhecimento e da aplicação da Matemática à realidade (BRASIL, 2018, p. 471).

Semelhante concepção de ensino já sustentada nos Parâmetros Curriculares Nacionais (PCN). Na BNCC, "optou-se por um tratamento específico das áreas, em função da importância instrumental de cada uma, mas contemplou-se também a integração entre elas" (BRASIL, 1997, p. 41). Isso implica observar a preocupação de que as áreas não deixem de cumprir seu papel curricular estruturante, mas que não sejam ensinadas de forma isolada e artificial:

> Se é importante definir os contornos das áreas, é também essencial que estes se fundamentem em uma concepção que os integre conceitualmente, e essa integração seja efetivada na prática didática. Por exemplo, ao trabalhar conteúdos de Ciências Naturais, os alunos buscam informações em suas pesquisas, registram observações, anotam e quantificam dados. Portanto, utilizam-se de conhecimentos relacionados à área de Língua Portuguesa, à de Matemática, além de outras, dependendo do estudo em questão. O professor, considerando a multiplicidade de conhecimentos em jogo nas diferentes situações, pode tomar decisões a respeito de suas intervenções e da maneira como tratará os temas, de forma a propiciar aos alunos uma abordagem mais significativa e contextualizada (BRASIL, 1997, p. 44).

Essa normatização é válida para toda Educação Básica, no entanto, cada nível de ensino tem suas especificidades. Isso é considerado nos documentos curriculares e tem algumas implicações acerca das possibilidades de estabelecer conexões da Matemática com outras áreas de conhecimento. Portanto, nas seções seguintes, dedicaremos especial atenção ao detalhamento didático de algumas conexões em cada nível de ensino: Educação Infantil, Ensino Fundamental e Ensino Médio.

3 ALGUMAS CONEXÕES DA MATEMÁTICA COM OUTRAS ÁREAS DO CONHECIMENTO, NA EDUCAÇÃO INFANTIL

De modo geral, as atividades nessa etapa de escolarização já articulam diversos saberes, tendo como foco a promoção de vivências que levem as crianças a avançarem em desenvolvimento e aprendizagem. Nesse sentido, a BNCC enfatiza:

> Na Educação Infantil, as aprendizagens essenciais compreendem tanto comportamentos, habilidades e conhecimentos quanto vivências que promovem aprendizagem e desenvolvimento nos diversos campos de experiências, sempre tomando as interações e a brincadeira como eixos estruturantes. Essas aprendizagens, portanto, constituem-se como **objetivos de aprendizagem e desenvolvimento** (BRASIL, 2018, p. 44).

Com quem estaremos trabalhando nessa etapa da escolaridade? Quem são eles? Como pensam? Como agem essas crianças de 3, 4 ou 5 anos? Como podemos explorar todas essas suas potencialidades?

> Desde cedo, a criança manifesta curiosidade com relação à cultura escrita: ao ouvir e acompanhar a leitura de textos, ao observar os

> muitos textos que circulam no contexto familiar, comunitário e escolar, ela vai construindo sua concepção de língua escrita, reconhecendo diferentes usos sociais da escrita, dos gêneros, suportes e portadores. (BRASIL, 2018, p. 42).

Um aspecto importante é que, quem atua nesse nível de ensino, possa identificar em quais situações pedagógicas estão contemplados os saberes matemáticos. Embora tais aprendizagens se deem em propostas de atividades em que as conexões são estruturantes, cabe às e aos docentes garantir que a Matemática esteja presente com riqueza de desafios apropriados a cada faixa etária e considerando a curiosidade própria do grupo. Em que contexto essas crianças estão inseridas? Como enxergam o mundo ao seu redor? Percebem fenômenos que ocorrem no seu entorno?

> As crianças vivem inseridas em espaços e tempos de diferentes dimensões, em um mundo constituído de fenômenos naturais e socioculturais. Desde muito pequenas, elas procuram se situar em diversos espaços (rua, bairro, cidade etc.) e tempos (dia e noite; hoje, ontem e amanhã etc.). Demonstram também curiosidade sobre o mundo físico (seu próprio corpo, os fenômenos atmosféricos, os animais, as plantas, as transformações da natureza, os diferentes tipos de materiais e as possibilidades de sua manipulação etc.) e o mundo sociocultural (as relações de parentesco e sociais entre as pessoas que conhece; como vivem e em que trabalham essas pessoas; quais suas tradições e seus costumes; a diversidade entre elas etc). (BRASIL, 2018, pp. 42-43).

Contra uma excessiva formalização que se expressa, muitas vezes, pela demanda de atividades exclusivamente registradas em papel, as propostas que mobilizam o brincar, a corporeidade e a exploração do espaço físico mostram-se muito interessantes para o ensino de Matemática às crianças. Assim, por exemplo, uma possibilidade de atividade que permite conexão entre saberes é a contação de história, incluindo a apresentação teatral pelas crianças e a elaboração de um painel coletivo com cenas e personagens da história, elaborados por eles com recortes, colagem, dobraduras etc. Nessa atividade entram em cena noções de proporção e localização que, nessa fase, devem ser trabalhadas apenas mobilizando a percepção e a comparação entre as formas (maior ou menor, ao lado de, embaixo etc.). Nesse tipo de vivência propiciada por uma prática pedagógica rica em desafios e ajustada às possibilidades de cada idade – desde os bebês até às crianças de 5 anos –, a Matemática se expande em uma variedade de novas aprendizagens.

> [...] nessas experiências e em muitas outras, as crianças também se deparam, frequentemente, com conhecimentos matemáticos (contagem, ordenação, relações entre quantidades, dimensões, medidas, comparação de pesos e de comprimentos, avaliação de distâncias, reconhecimento de formas geométricas, conhecimento e reconhecimento de numerais cardinais e ordinais etc.) que igualmente aguçam a curiosidade. Portanto, a Educação Infantil precisa promover experiências nas quais as crianças possam fazer observações, manipular objetos, investigar e explorar seu entorno, levantar hipóteses e consultar fontes de informação para buscar respostas às suas curiosidades e indagações. (BRASIL, 2018, p. 43).

A ancoragem no cotidiano das crianças também é fundamental para se chegar a aprendizagens significativas em Matemática nessa etapa da escolaridade. Desse modo, "a instituição escolar está criando oportunidades para que as crianças ampliem seus conhecimentos do mundo físico e sociocultural e possam utilizá-los em seu cotidiano" (BRASIL, 2018, p. 43). Isso significa que, nessa fase, as conexões não acontecem como relações entre ciências apenas, mas também no que se refere ao comportamento e à socialização, como mencionado no texto anterior.

Como exemplo, sugerimos algumas propostas.

Proposta 1

A proposta de trabalho, nesse caso, está em sugerir que as crianças registrem os dias do mês e, a cada dia, a condição climática em forma de símbolos previamente negociados. Assim, podem ser criadas imagens para representar condições tais como, ensolarado, nublado, parcialmente nublado, chuvoso, com tempestade, com ventania etc. As próprias crianças marcam a passagem do tempo e a observação da condição climática, após a negociação do registro a ser feito. Inicialmente, poderemos observar registros como:

Figura 1 – Condições do tempo A

1 2 3 4 5 6 7 8 9 10 11 12 13 14 15 16 17 18 19 20 21 22 23 24 25 26 27 28 29 30

Fonte: elaborado pelo autor, 2022.

E após observações e conversas mediadas pelo(a) professor ou professora:

Figura 2 – Condições do tempo B

Fonte: elaborado pelo autor, 2022.

A ideia é tenham oportunidade de explorar os aspectos quantitativos (um, três, cinco etc.) e temporais (como ontem, hoje e amanhã), bem como as ocorrências expressas nas observações do clima e nos registros dessas observações.

Outro exemplo

Pensando ainda na importante fase da alfabetização, é importante promover atividades que proporcionem aproximações entre as diferentes linguagens. A seguir, trazemos uma sugestão de exploração.

Convide a turma a observar previamente algum poema infantil. Pergunte se alguém tem alguma ideia sobre a abordagem do texto, se já viram algum texto nesse formato e se conhecem alguma palavra do poema.

Conte que esse formato de texto se chama poema e que alguns poemas têm como característica a rima (repetição de sons iguais ou parecidos no final das palavras). Brinque com algumas rimas e convide-os a criar rimas. O uso de cores para que possam identificar as regularidades na escrita e a oralização de letras e palavras pode ser interessante. Após a leitura, desafie a turma a encontrar palavras que rimam no poema. A consciência de rimas promove avanços nas noções sobre a fonetização da escrita e a correspondência entre as letras e os sons.

Ajude as crianças a organizarem, em suas mesas, as letras usando um alfabeto móvel e oriente a construção do seu respectivo nome. Se necessário, distribuía fichas com os nomes para apoio e consulta nessa construção (dependendo da faixa etária e desenvolvimento). Em seguida, peça para cada estudante contar quantas letras usou para formar o seu nome e registrar essa quantidade, utilizando a representação que julgar mais pertinente. Promova a socialização destes registros.

Providencie uma folha de cartolina ou de papel pardo e peça para participarem da construção de uma lista com os nomes de todas as crianças do grupo. Então, oriente cada uma a escrever o próprio nome e, ao lado, o número representando a quantidade de letras que usou na escrita. Para isso, disponibilize cartões numéricos que contenham diferentes representações de quantidades como no exemplo que segue.

Figura 3 – Relação de nomes

Fonte: elaborado pelo autor, 2022.

Ao final, faça um convite para construírem um gráfico, mostrando a QUANTIDADE DE LETRAS DOS NOMES DOS ESTUDANTES DA TURMA.

Desenhe um gráfico de barras ao lado da lista e proponha uma pintura coletiva, de acordo com os registros obtidos na lista de nomes.

Figura 4 – Relação de nomes e número de letras

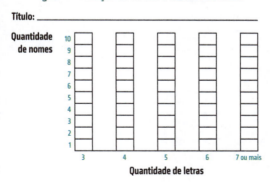

Fonte: Estudantes da turma.

Após o término das construções, convide a turma para a interpretação do gráfico. Pergunte, por exemplo: "Quantas crianças têm o nome com 4, 5, 6, 7 ou mais letras?"; "Nesse grupo tem mais crianças de nomes com 4 letras ou 6 letras?"; "Em qual coluna tem mais quantidade de nomes? Em qual tem menos?"; "Quantos a mais?; Quantos a menos?".

Gráficos normalmente são utilizados para facilitar a leitura e a interpretação de dados numéricos, facilitando, muitas vezes, a compreensão das crianças. No decorrer do tempo, as habilidades desenvolvidas com explorações como essas ajudarão as crianças a realizar sondagens, escolher amostras e tomar decisões em várias situações do cotidiano.

Nesse momento, é importante observar também a desenvoltura das crianças na leitura do gráfico e registrar as impressões acerca das evoluções de cada uma, forma de se comportar em grupo etc.

4 ALGUMAS CONEXÕES DA MATEMÁTICA COM OUTRAS ÁREAS DO CONHECIMENTO, NOS ANOS INICIAIS DO ENSINO FUNDAMENTAL (1º AO 5º ANO).

No Ensino Fundamental, começamos a introduzir uma organização mais sistemática nos processos de ensino. É também um momento em que os(as) estudantes começam a ter consciência das próprias aprendizagens, tendo cada vez mais protagonismo nas atividades de estudo e na aquisição de conhecimentos. Elas passam a ser capazes de organizar procedimentos simples para atividades do seu dia a dia (como escovar os dentes ou se vestir, como distribuir uma quantidade de objetos para um grupo de pessoas, como planejar o uso de materiais para a realização de uma tarefa etc.). Dado que o currículo escolar, nessa etapa, já se organiza por áreas de conhecimento, cabe à e ao docente buscar formas de estabelecer conexões da Matemática com diferentes áreas do saber, dando mais sentido às aprendizagens.

Nessa fase é que se intensifica o letramento matemático, ou seja, ganha destaque o trabalho pedagógico que permite desenvolver nas crianças:

> [...] a capacidade individual de formular, empregar e interpretar a matemática em uma variedade de contextos. Isso inclui raciocinar matematicamente e utilizar conceitos, procedimentos, fatos e ferramentas matemáticas para descrever, explicar e predizer fenômenos. Isso auxilia os indivíduos a reconhecer o papel que a matemática exerce no mundo e para que cidadãos construtivos, engajados e reflexivos possam fazer julgamentos bem fundamentados e tomar as decisões necessárias. (PISA, 2012 apud BRASIL, 2018, p. 266).

Dessa forma, espera-se que a Matemática seja ensinada desde o início, como elemento fundamental para a compreensão e a comunicação de um indivíduo no contexto social. Assim, os(as) estudantes desenvolvem, desde cedo e progressivamente, o entendimento sobre a cidadania, tornando-se capazes de utilizar diferentes conhecimentos para atuar no espaço social e qualificar a sua interação com as pessoas com as quais convivem. Como ressalta a BNCC:

> [...] É também o letramento matemático que assegura aos alunos reconhecer que os conhecimentos matemáticos são fundamentais para a compreensão e a atuação no mundo e perceber o caráter de jogo intelectual da matemática, como aspecto que favorece o desenvolvimento do raciocínio lógico e crítico, estimula a investigação e pode ser prazeroso (fruição). (BRASIL, 2018, p. 266).

A BNCC estabelece para a área de Matemática, nos Anos Iniciais do Ensino Fundamental, um total de 126 habilidades que as crianças devem desenvolver ao longo de cinco anos de estudos. Como podemos notar, esse amplo conjunto de objetivos abre um significativo leque de possibilidades de conexões da Matemática com as outras áreas do conhecimento. É importante destacar que:

> [...] a BNCC orienta-se pelo pressuposto de que a aprendizagem em Matemática está intrinsecamente relacionada à compreensão, ou seja, à apreensão de significados dos objetos matemáticos, sem deixar de lado suas aplicações. Os significados desses objetos resultam das conexões que os alunos estabelecem entre eles e os demais componentes, entre eles e seu cotidiano e entre os diferentes temas matemáticos. (BRASIL, 2018, p. 276).

Nossa intenção aqui não é esgotar todas as opções de articulação possíveis de realizar nas aulas durante essa etapa de escolaridade, mas vale a pena dar alguns exemplos que possam inspirar novas ideias e estimular a busca de recursos adicionais.

O trabalho com resolução de problemas já faz uma conexão com Língua Portuguesa, pois é preciso ler e compreender o texto do problema, mas também permite uma variedade de conexões com outras áreas de conhecimento e com o cotidiano. Por exemplo, podemos propor uma situação-problema de elaboração de um lanche para os amigos. A resolução desse problema envolve definir um local, uma data e um horário, cardápio, convidados e quantidade de alimentos para esse grupo, além do custo. Em uma atividade desse tipo, podemos priorizar um ou outro aspecto, mas é interessante conduzir a resolução de forma a considerar aspectos de nutrição, fazendo conexões da Matemática com a área de

Ciências e da Educação Financeira, contemplando expectativas explicitadas na BNCC, como, por exemplo, na EF04MA25: "Resolver e elaborar problemas que envolvem situações de compra e venda e formas de pagamento, utilizando termos como troco e desconto, enfatizando o consumo ético, consciente e responsável." (BRASIL, 2018, p. 293). Conforme está posto no texto da BNCC, "espera-se também que resolvam problemas sobre situações de compra e venda e desenvolvam, por exemplo, atitudes éticas e responsáveis em relação ao consumo" (BRASIL, 2018, p. 273). Se a proposta é para o primeiro ano, podem ser trabalhados aspectos relacionados ao local do evento, contemplando a EF01MA11: "Descrever a localização de pessoas e de objetos no espaço em relação à sua própria posição, utilizando termos como à direita, à esquerda, em frente, atrás." e a EF01MA12: "Descrever a localização de pessoas e de objetos no espaço segundo um dado ponto de referência, compreendendo que, para a utilização de termos que se referem à posição, como direita, esquerda, em cima, em baixo, é necessário explicitar-se o referencial." (BRASIL, 2018, p. 279).

Também é interessante fazer o uso do calendário, tanto para o primeiro como para o segundo ano, de acordo com a EF01MA18: "Produzir a escrita de uma data, apresentando o dia, o mês e o ano, e indicar o dia da semana de uma data, consultando calendários." (BRASIL, 2018, p. 281) e a EF02MA18: "Indicar a duração de intervalos de tempo entre duas datas, como dias da semana e meses do ano, utilizando calendário, para planejamentos e organização de agenda." (BRASIL, 2018, p. 285).

Veja a sugestão de formulação a seguir.

Pedro vai convidar 5 amigos para um lanche em sua casa no domingo à tarde. Elabore um cardápio para o lanche e decida as quantidades de cada ingrediente. Depois, consulte uma tabela de preços para saber quanto Pedro vai gastar.

Primeiro, as crianças precisarão elaborar o cardápio, como o que segue no exemplo.

Quadro 1 - Cardápio

Sanduíche de presunto e queijo	Sorvete
Pão de queijo	Vitamina de frutas
Salada de frutas	Suco de laranja

Fonte: elaborado pelo autor.

Depois, com o auxílio de um adulto, fazer a lista dos ingredientes e produtos a serem comprados com as respectivas quantidades. Após terem consultado os preços e calculado o valor da compra de cada produto ou ingrediente na quantidade necessária, devem calcular o valor total para o lanche.

Podemos localizar essa indicação de abordagem na EF05MA12:

> Resolver problemas que envolvam variação de proporcionalidade direta entre duas grandezas, para associar a quantidade de um produto ao valor a pagar, alterar as quantidades de

ingredientes de receitas, ampliar ou reduzir escalas em mapas, entre outros. (BRASIL, 2018, p. 295).

Nesse momento, podemos sugerir a elaboração de um quadro para que eles coloquem esses valores e cálculos.

Quadro 2 – Exemplo de quadro de ingredientes e suas correspondências

Gastos com a preparação do lanche			
Ingrediente ou produto	Quantidade	Preço unitário	Preço total
Valor total para o lanche:			

Fonte: elaborado pelo autor, 2022.

Para o Ensino Fundamental, a BNCC distribui os saberes matemáticos em cinco unidades temáticas: (1) Números, (2) Álgebra, (3) Geometria, (4) Grandezas e medidas e (5) Probabilidade e Estatística. Tais unidades devem ser trabalhadas ao longo dos nove anos que compreendem esse nível de ensino Anos Iniciais e Anos Finais), embora possam "receber ênfase diferente, a depender do ano de escolarização." (BRASIL, 2018, p. 268). Essa distribuição, no entanto, não pressupõe a segmentação das atividades de ensino. Ao contrário, a proposta é que haja articulações constantes entre os campos da Matemática, tendo por eixo situações da vida cotidiana.

> No Ensino Fundamental, essa área, por meio da articulação de seus diversos campos – Aritmética, Álgebra, Geometria, Estatística e Probabilidade –, precisa garantir que os alunos relacionem observações empíricas do mundo real a representações (tabelas, figuras e esquemas) e associem essas representações a uma atividade matemática (conceitos e propriedades), fazendo induções e conjecturas. (BRASIL, 2018, p. 265).

Com relação a esse aspecto, uma ideia é propor que as e os estudantes observem algumas fachadas de edifícios de sua cidade e escolham uma para ser representada de forma estilizada em um cartaz, utilizando colagem de formas geométricas planas.

Figura 5 – Fachada 1

Figura 6 – Representação da fachada 1

Figura 7 – Fachada 2

Figura 8 – Fachada 3

Pode-se estudar a arquitetura dos telhados de residências nas mais variadas regiões do mundo e as possíveis inter-relações com o clima e materiais disponíveis em cada local e/ou em cada cultura, bem como elaborar investigações relacionadas à inclinação dos telhados (proteção contra congelamento e neve), as cores utilizadas nos telhados (reflexão do sol – sensação térmica no interior do ambiente) etc. Essa atividade pode também ser integrada a um projeto de análise da ocupação do espaço urbano no entorno da escola, por exemplo. O projeto pode considerar diversos aspectos, como quantidade de prédios e residências em uma determinada área do entorno, largura das ruas, existência de praças e parques, condições das calçadas, acessibilidade e disponibilidade de serviços básicos. A Matemática fica, nesse caso, a serviço das atividades que vão sendo desenvolvidas.

Por fim, devemos estar atentos ao fato de que, nessa etapa, as e os estudantes começam a dominar diversos saberes exigidos pelas tecnologias digitais, por exemplo, conforme está posto na BNCC (p. 274): "um ponto a ser destacado refere-se à introdução de medidas de capacidade de armazenamento de computadores como grandeza associada a demandas da sociedade moderna." Nesse caso, é importante destacar o fato de que os prefixos utilizados para *byte* (quilo, mega, giga) não estão associados ao sistema de numeração decimal, de base 10, pois um *quilobyte*, por exemplo, corresponde a 1024 *bytes*, e não a 1000 *bytes*.

Esse pode ser um elemento precioso para a definição de propostas que sejam, ao mesmo tempo, interessantes e desafiadoras no que se refere ao ensino de Matemática! Muitas informações são disponibilizadas atualmente em *site*s oficiais. Grande parte delas vem em forma de textos intercalados com tabelas e gráficos. Assim, essa unidade temática tem espaço em praticamente todo e qualquer projeto que contemple ampliação dos conhecimentos para desenvolvimento de uma postura cidadã.

5 ALGUMAS CONEXÕES DA MATEMÁTICA COM OUTRAS ÁREAS DO CONHECIMENTO, NOS ANOS FINAIS DO ENSINO FUNDAMENTAL (6º AO 9º ANO).

Quem são as e os estudantes dos Anos Finais do Ensino Fundamental? É preciso compreender que esses e essas estudantes passam por uma transição importante com impactos na sua relação com as áreas de conhecimento e os estudos em geral:

> Os estudantes dessa fase inserem-se em uma faixa etária que corresponde à transição entre infância e adolescência, marcada por intensas mudanças decorrentes de transformações biológicas, psicológicas, sociais e emocionais. Nesse período de vida, como bem aponta o Parecer CNE/CEB nº 11/2010, ampliam-se os vínculos sociais e os laços afetivos, as possibilidades intelectuais e a capacidade de raciocínios mais abstratos. Os estudantes tornam-se mais capazes de ver e avaliar os fatos pelo ponto de vista do outro, exercendo a capacidade de descentração, "importante na construção da autonomia e na aquisição de valores morais e éticos. (BRASIL, 2018, p. 60).

Tantas mudanças e a maior capacidade de perceber o contexto ao redor trazem novas possibilidades cognitivas, mas também aguçam a capacidade de crítica de estudantes quanto à própria escola e o sentido do trabalho escolar. É a fase em que se manifestam de forma mais aguda os questionamentos: Para que serve a Matemática? Onde vou aplicar isso? Mesmo quando não expressam verbalmente tais indagações, costumam processá-las de forma introspectiva. Nesse sentido, torna-se ainda mais relevante a proposição de atividades em que seja possível perceber as **conexões** da Matemática com outras áreas do conhecimento e a contextualização, ou seja, as relações dessa área do saber com a vida cotidiana.

> Da mesma forma que na fase anterior, a aprendizagem em Matemática no Ensino Fundamental – Anos Finais, também está intrinsicamente relacionada à apreensão de significados dos objetos matemáticos. Esses significados resultam das conexões que os e as estudantes estabelecem entre os objetos e seu cotidiano, entre eles e os diferentes temas matemáticos e, por fim, entre eles e os demais componentes curriculares. Nessa fase, precisa ser destacada a importância da comunicação em linguagem matemática com o uso da linguagem simbólica, da representação e da argumentação. (BRASIL, 2018, p. 298).

Nos Anos Finais do Ensino Fundamental a Matemática começa a ampliar os horizontes, o alcance de suas descobertas, começa a trabalhar as incertezas, os fenômenos aleatórios. Nesse sentido:

> [...] a Matemática não se restringe apenas à quantificação de fenômenos determinísticos – contagem, medição de objetos, grandezas – e das técnicas de cálculo com os números e com as grandezas, pois também estuda a incerteza proveniente de fenômenos de caráter aleatório. (BRASIL, 2018, p. 265).

Isso significa que, nessa etapa da escolaridade, o surgimento do raciocínio combinatório e da probabilidade amplia significativamente as possibilidades de conexões com as demais áreas do saber e com situações do dia a dia.

Das 8 competências específicas relacionadas pela BNCC para o Ensino Fundamental, aqui destacarmos o fato de que praticamente todas elas remeterem à importância das **conexões** nas aulas de Matemática, seja com outras áreas do conhecimento, entres campos da própria Matemática ou com relação à vida cotidiana:

> **1.** Reconhecer que a Matemática é uma ciência humana, fruto das necessidades e preocupações de diferentes culturas, em diferentes momentos históricos, e é uma ciência viva, que contribui para solucionar problemas científicos e tecnológicos e para alicerçar descobertas e construções, inclusive com impactos no mundo do trabalho.
> **2.** Desenvolver o raciocínio lógico, o espírito de investigação e a capacidade de produzir argumentos convincentes, recorrendo aos conhecimentos matemáticos para compreender e atuar no mundo.
> **3.** Compreender as relações entre conceitos e procedimentos dos diferentes campos da Matemática (Aritmética, Álgebra, Geometria, Estatística e Probabilidade) e de outras áreas

do conhecimento, sentindo segurança quanto à própria capacidade de construir e aplicar conhecimentos matemáticos, desenvolvendo a autoestima e a perseverança na busca de soluções.

4. Fazer observações sistemáticas de aspectos quantitativos e qualitativos presentes nas práticas sociais e culturais, de modo a investigar, organizar, representar e comunicar informações relevantes, para interpretá-las e encontrá-las crítica e eticamente, produzindo argumentos convincentes

5. Utilizar processos e ferramentas matemáticas, inclusive tecnologias digitais disponíveis, para modelar e resolver problemas cotidianos, sociais e de outras áreas de conhecimento, validando estratégias e resultados.

6. Enfrentar situações-problema em múltiplos contextos, incluindo-se situações imaginadas, não diretamente relacionadas com o aspecto prático-utilitário, expressar suas respostas e sintetizar conclusões, utilizando diferentes registros e linguagens (gráficos, tabelas, esquemas, além de texto escrito na língua materna e outras linguagens para descrever algoritmos, como fluxogramas, e dados). (BRASIL, 218, p. 267)

As unidades temáticas para os anos finais do Ensino Fundamental são as mesmas da etapa anterior: (1) Números, (2) Álgebra, (3) Geometria, (4) Grandezas e medidas e (5) Probabilidade e Estatística. Na BNCC, a probabilidade já faz parte da unidade temática dos Anos Iniciais.

Essas unidades temáticas correspondem ao estabelecimento de 121 habilidades a serem desenvolvidas com as e os estudantes ao longo de quatro anos. Isso proporciona um cardápio amplo para a prática das conexões. E é exatamente o que nos sugere a BNCC:

> Para o desenvolvimento das habilidades previstas para o Ensino Fundamental – Anos Finais, é imprescindível levar em conta as experiências e os conhecimentos matemáticos já vivenciados pelos alunos, criando situações nas quais possam fazer observações sistemáticas de aspectos quantitativos e qualitativos da realidade, estabelecendo inter-relações entre eles e desenvolvendo ideias mais complexas. Essas situações precisam articular múltiplos aspectos dos diferentes conteúdos, visando ao desenvolvimento das ideias fundamentais da matemática, como equivalência, ordem, proporcionalidade, variação e interdependência. (BRASIL, 2018, p. 298).

No que se refere à elaboração das atividades e proposições pedagógicas para essa etapa, a BNCC chama atenção também para o seguinte:

> Cumpre também considerar que, para a aprendizagem de certo conceito ou procedimento, é fundamental haver um contexto significativo para os alunos, não necessariamente do cotidiano, mas também de outras áreas do conhecimento e da própria história da Matemática. No entanto, é necessário que eles desenvolvam a capacidade de abstrair o contexto, apreendendo relações e significados, para aplicá-los em outros contextos. (BRASIL, 2018, p. 299).

Exemplo

Uma sugestão de atividade, nesse sentido, fazendo conexão com História, seria propor que as e os estudantes pesquisem as principais características de alguns sistemas antigos de numeração, como o babilônico, o egípcio, o chinês, o maia, o romano e o grego, a exemplo do que está proposto na EF06MA02:

> Reconhecer o sistema de numeração decimal, como o que prevaleceu no mundo ocidental, e destacar semelhanças e diferenças com outros sistemas, de modo a sistematizar suas principais características (base, valor posicional e função do zero), utilizando, inclusive, a composição e decomposição de números naturais e números racionais em sua representação decimal (BRASIL, 2018, p. 301).

Podemos orientá-las a indicar quais e quantos eram os símbolos utilizados, se utilizavam sistema posicional, quais recursos usavam para indicar quantidade nula ou posição vazia e os recursos de operador numérico. Assim, podemos conduzi-las a perceber que muitas dessas características são próprias do sistema de numeração decimal que utilizamos na atualidade.

Com base nisso, é interessante perguntar como o zero aparece na história dos sistemas de numeração que estão pesquisando. Depois, podemos direcionar a pesquisa para o uso do zero nos sistemas de medidas e de contagem, as diferenças e as semelhanças e, em especial, para a contagem dos séculos (por exemplo, pergunte: estamos no século XX ou XXI? Por quê?).

Outro exemplo

Como outra possibilidade interessante de conexão que envolve História e Educação Financeira, podemos propor que façam uma pesquisa para conhecer a história das moedas brasileiras (ou de outro país) e buscar investigar o valor relativo de cada uma delas em relação à moeda atual, conforme indicado na BNCC:

> Outro aspecto a ser considerado nessa unidade temática é o estudo de conceitos básicos de economia e finanças, visando à educação financeira dos alunos. Assim, podem ser discutidos assuntos como taxas de juros, inflação, aplicações financeiras (rentabilidade e liquidez de um investimento) e impostos. Essa unidade temática favorece um estudo interdisciplinar envolvendo as dimensões culturais, sociais, políticas e psicológicas, além da econômica, sobre as questões do consumo, trabalho e dinheiro. É possível, por exemplo, desenvolver um projeto com a História, visando ao estudo do dinheiro e sua função na sociedade, da relação entre dinheiro e tempo, dos impostos em sociedades diversas, do consumo em diferentes momentos históricos, incluindo estratégias atuais de marketing. Essas questões, além de promover o desenvolvimento de competências pessoais e sociais dos alunos, podem se constituir em excelentes contextos para as aplicações dos conceitos da Matemática Financeira e, também, proporcionar contextos para ampliar e aprofundar esses conceitos. (BRASIL, 2018, p. 269)

Outro exemplo

Outra possibilidade é analisar a relação entre salário mínimo e a cesta básica, calculada pelo Departamento Intersindical de Estatística e Estudos Socioeconômicos (Dieese). Assim, os estudantes podem compreender o conceito de poder de compra e se instrumentalizar para o exercício da cidadania e uma atitude de consumo mais consciente.

Gráfico 1 – Relação entre cesta básica e salário mínimo

Com o atual salário, há uma equivalência de 1,58 cesta básica, ou seja, a mesma proporção de 2020. Já em 2015 essa média era de 1,60 – a menor registrada até então. De 2006 a 2019, essa proporção esteve próxima ou acima de duas cestas, chegando a 2,16 em 2017.

Quantidades de cestas básicas adquiridas com o salário mínimo

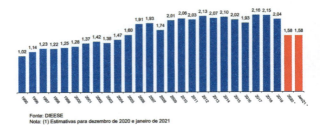

Fonte: DIEESE
Nota: (1) Estimativas para dezembro de 2020 e janeiro de 2021

Fonte: Novo salário mínimo tem o menor poder de compra para cesta básica em 15 anos. CPERS, 2021. Disponível em: https://cpers.com.br/novo-salario-minimo-tem-o-menor-poder-de-compra-para-cesta-basica-em-15-anos/. Acesso em: 5 abr. 2022.

Por fim, como os demais níveis de ensino, a BNCC atribui grande importância ao trabalho que envolve as tecnologias presentes no dia a dia. Isso é especialmente destacado no que se refere ao ensino de Matemática, visto que muitas conexões estimulantes para os estudantes são possíveis nessa etapa. Destaque-se, portanto, que:

> [...] a cultura digital tem promovido mudanças sociais significativas nas sociedades contemporâneas. Em decorrência do avanço e da multiplicação das tecnologias de informação e comunicação e do crescente acesso a elas pela maior disponibilidade de computadores, telefones celulares, *tablets* e afins, os estudantes estão dinamicamente inseridos nessa cultura, não somente como consumidores. Os jovens têm se engajado cada vez mais como protagonistas da cultura digital, envolvendo-se diretamente em novas formas de interação multimidiática e multimodal e de atuação social em rede, que se realizam de modo cada vez mais ágil. (BRASIL, 2018, p. 61).

Várias são as ideias de conexão envolvendo as tecnologias que se apresentam para as aulas de Matemática. As e os estudantes podem, por exemplo, consultar páginas na internet para coletar o número de habitantes e a área de algumas cidades brasileiras, incluindo a cidade em que moram e, depois, confirmar essas informações na página do Instituto Brasileiro de Geografia e Estatística (IBGE). Podem também consultar quais as duas cidades mais populosas, as duas menos populosas e a própria localidade de residência. Depois, serem convidados a consultar quais as duas com maior área territorial e, o inverso, as duas com menor área. Nesse tipo de trabalho com informações, serão capazes de calcular, utilizando dados reais, a densidade demográfica. Como na página do IBGE a densidade demográfica já é informada, podemos pedir que confirmem essas informações por meio cálculos feitos por elas e eles mesmos.

Quadro 3 – Exemplo de cálculo de densidade demográfica

Cidade	População	Área territorial	Densidade demográfica

Fonte: elaborado pelo autor, 2022.

Com base nos dados coletados, pode-se propor reflexões e projetos envolvendo temas como produção e descarte de lixo, mobilidade e poluição ambiental.

> [...] a unidade temática **Grandezas e Medidas**, ao propor o estudo das medidas e das relações entre elas – ou seja, das relações métricas –, favorece a integração da Matemática e outras áreas de conhecimento, como Ciências (densidade, grandezas e escalas do Sistema Solar, energia elétrica etc.) ou Geografia (coordenadas geográficas, densidade demográfica, escalas de mapas e guias etc.). (BRASIL, 2018, p. 273).

No 8º ano, é possível ampliar a proposta para que as e os estudantes compreendam o significado de pesquisas amostrais, censitárias e não censitárias, confirme indicado na EF08MA26:

> Selecionar razões, de diferentes naturezas (física, ética ou econômica), que justificam a realização de pesquisas amostrais e não censitárias, e reconhecer que a seleção da amostra pode ser feita de diferentes maneiras (amostra casual simples, sistemática e estratificada). (BRASIL, 2018, p. 315).

Já na EF08MA27:

> Planejar e executar pesquisa amostral, selecionando uma técnica de amostragem adequada, e escrever relatório que contenha os gráficos apropriados para representar os conjuntos de dados, destacando aspectos como as medidas de tendência central, a amplitude e as conclusões. (BRASIL, 2018, p. 315).

Ainda em relação a essa proposta, a consulta às páginas e às informações disponibilizadas pelo IBGE, pelo Instituto Nacional de Estudos e Pesquisas Educacionais Anísio Teixeira (Inep) e por outros órgãos oficiais, possibilita explorar o uso de gráficos e de tabelas de diversos tipos. No 6º ano, por exemplo, pode-se desenvolver a proposta com vistas ao que está indicado na EF06MA31: "Identificar as variáveis e suas frequências e os elementos constitutivos (título, eixos, legendas, fontes e datas) em diferentes tipos de gráfico." (BRASIL, 2018, p. 305) e na EF06MA32:

> Interpretar e resolver situações que envolvam dados de pesquisas sobre contextos ambientais, sustentabilidade, trânsito, consumo responsável, entre outros, apresentadas pela mídia em tabelas e em diferentes tipos de gráficos e redigir textos escritos com o objetivo de sintetizar conclusões. (BRASIL, 2018, p. 305)

A mesma proposta feita para o Ensino Fundamental – Anos Iniciais, de observação e colagem na elaboração de painel com fachadas de prédios pode ser retomada ou adaptada para os anos finais. No 7º ano é possível complementar a proposta com o estudo de simetrias e o uso de instrumentos de desenho ou *softwares* de geometria dinâmica, contemplando a habilidade EF07MA21:

> Reconhecer e construir figuras obtidas por simetrias de translação, rotação e reflexão, usando instrumentos de desenho ou *softwares* de geometria dinâmica e vincular esse estudo a representações planas de obras de are, elementos arquitetônicos, entre outros. (BRASIL, 2018, p. 309).

Também é possível explorar aspectos de rigidez do triângulo como sugere a habilidade (EF07MA25): "Reconhecer a rigidez geométrica dos triângulos e suas aplicações, como na construção de estruturas arquitetônicas (telhados, estruturas metálicas e outras) ou nas artes plásticas", sugerindo, por exemplo, que reproduzam maquetes de partes dessas estruturas, ou, ainda, cálculos de medidas de ângulos internos de polígonos, conforme proposto na EF07MA27: "Calcular medidas de ângulos internos de polígonos regulares, sem o uso de fórmulas, e estabelecer relações entre ângulos internos e externos de polígonos, preferencialmente vinculadas à construção de mosaicos e de ladrilhamentos." (BRASIL, 2018, p. 309).

6 ALGUMAS CONEXÕES DA MATEMÁTICA COM OUTRAS ÁREAS DO CONHECIMENTO, NO ENSINO MÉDIO

No Ensino Médio, as e os estudantes estão em fase de transição para a vida adulta e, cada vez mais, apresenta-se a proximidade com o mundo do trabalho. O contexto social também é um elemento mais destacado nas experiências cotidianas:

> Com a perspectiva de um imenso contingente de adolescentes, jovens e adultos que se diferenciam por condições de existência e perspectivas de futuro desiguais, é que o Ensino Médio deve trabalhar. Está em jogo a recriação da escola que, embora não possa por si só resolver as desigualdades sociais, pode ampliar as condições de inclusão social, ao possibilitar o acesso à ciência, à tecnologia, à cultura e ao trabalho. (Parecer CNE/CEB nº 5/2011 apud BRASIL, 2018, p. 462).

Dentre as 35 habilidades propostas pela BNCC, há um leque razoável de possibilidades de estabelecer conexões com diversos ramos do conhecimento. É principalmente no Ensino Médio, quando, além de receber uma grande quantidade de informações, sejam elas oriundas dos currículos escolares ou pelas diversas mídias, o(a) estudante já desenvolveu sua capacidade de reflexão e de interagir com o que está ao seu redor. Essa é uma possibilidade desafiadora.

Apresentar a Matemática como preciosa ferramenta para esses desafios faz parte de nossa tarefa. Adiante, elencaremos, a título de exemplos, algumas propostas de conexões, que, com certeza, servirão de inspiração para que você possa elaborar muitas outras.

6.1 Proposta 1 – conexão com a Biologia

Para essa conexão, pode-se discutir com as e os estudantes os aspectos aleatórios que envolvem as nossas vidas e analisar a importância e a utilidade da Matemática nesse universo de incertezas. Um exemplo seria trabalhar com o nascimento de 5 filhos de um casal, calculando a probabilidade de ocorrerem 3 meninas e 2 meninos.

Até alguns anos atrás, o nascimento de uma criança chegava com grande expectativa no que dizia respeito ao sexo do bebê: menino ou menina? Hoje, esse mistério deixa de existir com alguns meses de gravidez. O exame de ultrassom permite que se saiba o sexo biológico da criança, que já nasce até com o nome escolhido. Mas um casal não pode determinar o sexo biológico da criança antes da concepção; o que se pode é avaliar, num certo número nascimentos, **a probabilidade** de ocorrer um determinado número de crianças do sexo biológico masculino e feminino. A probabilidade de nascer menino ou menina é de 50% ou 1/2.

Numa situação hipotética, tomemos 5 nascimentos. Vamos calcular a probabilidade de nascerem:

a) cinco meninos.

b) Menino só primeiro nascimento

c) Dois meninos e, em seguida, três meninas.

d) Dois meninos e três meninas.

e) Pelo menos um menino.

Solução

a) Cada nascimento a probabilidade de nascer um menino é ½. Em 5 nascimentos consecutivos teremos:

$$\frac{1}{2} \cdot \frac{1}{2} \cdot \frac{1}{2} \cdot \frac{1}{2} \cdot \frac{1}{2} = \left(\frac{1}{2}\right)^5 = \frac{1}{32}$$

b) O resultado será o mesmo do item anterior porque no 1º nascimento a probabilidade de nascer um menino é ½ e de nascer menina é ½ em cada um dos 4 nascimentos restantes. Teremos:

$$\frac{1}{2} \cdot \frac{1}{2} \cdot \frac{1}{2} \cdot \frac{1}{2} \cdot \frac{1}{2} = \left(\frac{1}{2}\right)^1 \cdot \left(\frac{1}{2}\right)^4 = \frac{1}{32}$$

c) Continuamos com o mesmo resultado dos itens anteriores, pois em cada um dos nascimentos, na ordem estabelecida, a probabilidade é ½.

Assim: $\dfrac{1}{2} \cdot \dfrac{1}{2} \cdot \dfrac{1}{2} \cdot \dfrac{1}{2} \cdot \dfrac{1}{2} = \left(\dfrac{1}{2}\right)^2 \cdot \left(\dfrac{1}{2}\right)^3 = \dfrac{1}{32}$

d) Vamos supor que quiséssemos que ocorresse menino nos 1º e 4º nascimentos e se meninas nos 2º, 3º e 5º nascimentos.

Teríamos: $\dfrac{1}{2} \cdot \dfrac{1}{2} \cdot \dfrac{1}{2} \cdot \dfrac{1}{2} \cdot \dfrac{1}{2} = \left(\dfrac{1}{2}\right)^2 \cdot \left(\dfrac{1}{2}\right)^3$

Observe que se quiséssemos meninos no 2º e 5º e meninas no 1º, 3º e 4º nascimentos, o resultado seria o mesmo. Quantas possibilidades temos para escolher a ordem de 2 nascimentos para os meninos (ou 3 para as meninas)?

Se em 5 vamos escolher 2, teremos:

$$C_{5,2} = \begin{pmatrix} 5 \\ 2 \end{pmatrix} = 10 \text{ (ou } C_{5,3} = \begin{pmatrix} 5 \\ 3 \end{pmatrix} = 10\text{)}$$

Então esse resultado $\left(\dfrac{1}{2}\right)^2 \cdot \left(\dfrac{1}{2}\right)^3$ poderia ocorrer $\begin{pmatrix} 5 \\ 2 \end{pmatrix}$ vezes.

Assim, a probabilidade de nascerem 2 meninos e 3 meninas **independentemente da ordem** que isso ocorra é:

$$\begin{pmatrix} 5 \\ 2 \end{pmatrix} \cdot \left(\dfrac{1}{2}\right)^2 \cdot \left(\dfrac{1}{2}\right)^3 = \dfrac{10}{32} = \dfrac{5}{16}$$

e) A probabilidade de não ocorrer menino é $\left(\dfrac{1}{2}\right)^5$

A probabilidade de ocorrer pelo menos 1 menino é 1 (100%) menos a probabilidade de não ocorrer. Vamos ter:

$$1 - \left(\frac{1}{2}\right)^5 = 1 - \frac{1}{32} = \frac{31}{32}$$

6.2   Proposta 2 – conexão com a Química

Há uma série de conexões possíveis da Matemática com a Química, como a determinação do pH, por exemplo. Outro tema bem atual é a radiatividade. Pode-se citar o acidente com o Césio 137, ocorrido em Goiânia, no ano 1987, com consequência até hoje na saúde de algumas vítimas. Hiroshima e Nagasaki devem ser citadas como exemplo do poder destruidor da radiação. É preciso explicar que substâncias radioativas se decompõem como passar do tempo.

A descoberta da radioatividade se deu de forma gradativa e representou um grande salto para o conhecimento da estrutura da matéria. Tudo começou em 1895, com o cientista alemão Wilhelm K. Röentgen, que acidentalmente descobriu os raios X. Os estudos e as descobertas prosseguiram, com destaque para o casal Pierre e Marie Curie. Uma das descobertas diz respeito ao fato de que o material radioativo se desintegra .

Cientistas observaram que a massa Q_0 de um material radioativo se reduz a Q, segundo a relação: $Q = Q_0 \cdot e^{-rt}$, onde e é o número de Neper ($e = 2,7182818285...$), **r** é taxa e **t** é o tempo em anos.

Baseados nessa relação, tomemos numa situação hipotética 1 000 g de uma substância radioativa que se desintegra a uma taxa de 2% ao ano.

Lembrando que $\log_e A = lnA$ e sendo dado que $ln5 = 1,6094$. Determine o tempo que essa massa se reduzirá a 200g.

Solução

$$Q = Q_0 \cdot e^{-rt} \Rightarrow 200 = 1\,000 \cdot e^{-0,02t}$$

$$\frac{1}{5} = e^{-0,002t} \Rightarrow 5^{-1} = e^{-0,02t} \Rightarrow 5 = e^{0,02t}$$

Usando a definição de logaritmos vamos ter:

$$\log_e 5 = 0,02t \Rightarrow ln5 = 0,02t \Rightarrow 1,6094 = 0,02t$$

$$t = \frac{1,6094}{0,02} \Rightarrow t = 80,47$$

O tempo necessário seria de aproximadamente 80 anos e 5 meses.

6.3 Proposta 3 – conexão com a Geografia

Com Geografia pode-se estabelecer diversas conexões: fusos horários e divisão em paralelos e meridianos, por exemplo. Pode-se estudar como se estabelece um determinado ângulo que indica latitude ou longitude, escalas, variação de temperaturas etc. Escolhemos aqui um problema clássico, nem por isso menos desafiador, o de como medir a circunferência terrestre.

Eratóstenes, considerado o pai de Geografia, nasceu na cidade de Cirene (na atual Líbia), em 276 a.C., e faleceu em 194 a.C. Foi ele o primeiro que calculou, com razoável precisão, a circunferência da Terra (comprimento da linha do equador). O que nos conta a história?

No primeiro dia de verão, na cidade de Siena (Egito), ao colocar uma vara fincada ao solo na vertical, ele percebeu que não havia sombra. A 800 km dali, em Alexandria, no mesmo meridiano, a vara fincada verticalmente fazia com os raios solares um ângulo corresponde a 1/50 do ângulo de uma volta completa. A figura seguinte representa essa situação. Tente descobrir como Eratóstenes chegou ao comprimento da circunferência terrestre.

Figura 9 – Circunferência terrestre

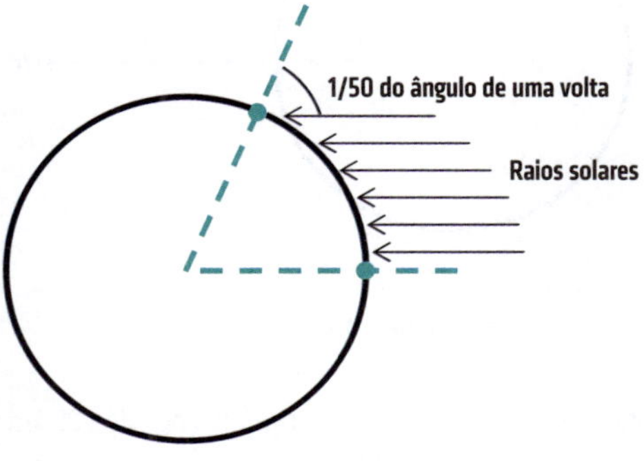

Fonte: elaborado pelo autor, 2022.

Solução

Inicialmente teremos que 1/50 do ângulo de uma volta é:

$$\frac{1}{50} \cdot 360° = 7{,}2°.$$

Observe a figura seguinte. O ângulo central também será de 7,2°, pois na figura temos ângulos correspondentes em relação a duas restas paralelas cortadas por uma reta transversal.

Figura 10 – Ângulo central

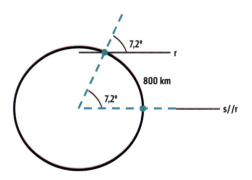

Fonte: elaborado pelo autor, 2022.

Se um ângulo de 7,2° gera um arco de circunferência de 800 km de comprimento, um ângulo de 360° irá gerar a circunferência completa. Basta, então, montarmos uma regra de três simples e direta.

7,2° ---------- 800 km

360°---------x km $\Rightarrow$ $x = \dfrac{360° \cdot 800 \text{ km}}{7{,}2°}$ $\Rightarrow$ $x = 40\,000$ km

6.4 Proposta 4 – conexão com a Medicina

Por estar a Medicina cada vez mais dependente da tecnologia, pode-se pesquisar diversas conexões, que vão desde a posologia dos medicamentos à composição deles, passando pela compreensão de resultados de exames e demais orientações destacadas em planilhas e gráficos etc. No exemplo seguinte, vamos relacionar a massa (peso) de uma pessoa à sua saúde.

O IMC (Índice de Massa Corporal) é uma medida utilizada para avaliar o estado nutricional de uma pessoa e identificar se ela está com peso adequado, acima ou abaixo do peso. Esse índice, apresenta algumas limitações relacionadas às proporções do corpo a ser analisado (pernas mais longas ou mais curtas podem alterar a avaliação). Mesmo assim, é até hoje utilizado e tem sido muito útil para avaliações relativas à saúde do indivíduo. Este índice foi criado pelo cientista Lambert Adolphe Jacques Quételet, no fim do século XIX.

O cálculo pode ser feito por meio da fórmula $IMC = \dfrac{m}{h^2}$; onde $\boldsymbol{m}$ é a

massa (peso) do indivíduo e é dada em quilogramas; $\boldsymbol{h}$ é a altura dada em metro. Deve-se com os dados obtidos observar a tabela que segue.

Quadro 4 – IMC

FAIXA	IMC	CLASSIFICAÇÃO
1	Abaixo de 18,5	Adulto com baixo peso
2	Maior ou igual a 18,5 e menor que 25,0	Adulto com peso adequado
3	Maior ou igual a 25,0 e menor que 30,0	Adulto com sobrepeso
4	Maior ou igual a 30,0 e menor que 35,0	Adulto com obesidade grau I
5	Maior ou igual a 35,0 e menor que 40,0	Adulto com obesidade grau II
6	Maior ou igual a 40,0	Adulto com obesidade grau III

Fonte: dados levantados pelo autor, 2022.

Suponha um indivíduo de 1,8m de altura e que esteja na categoria "Adulto com obesidade II", apresentando IMC $= 36$. Depois de uma rigorosa dieta alimentar e a introdução de atividades físicas em seu cotidiano, ele atingiu o IMC $= 24$, categoria "Adulto com peso adequado". Qual a fração de massa que esse indivíduo perdeu?

Solução
Massa do indivíduo antes do regime:

$$\text{IMC} = \frac{m}{h^2} \Rightarrow 36 = \frac{m}{(1.8)^2} \Rightarrow m = 116,64$$

Massa do indivíduo depois do regime:

$$\text{IMC} = \frac{m}{h^2} \Rightarrow 24 = \frac{m}{(1.8)^2} \Rightarrow m = 77,76$$

$$\frac{77,76}{116,64} = 0,6666\ldots = \frac{2}{3}$$

Se ele está com 2/3 da massa inicial, então ele perdeu 1/3.

6.5   Proposta 5 – conexão com a Arte

Muitas manifestações artísticas têm conexão com a Matemática, quando fazem uso das formas geométricas, das simetrias e até do conceito de medidas. Vamos a um exemplo que envolve artes plásticas e as noções de medida e proporções.

Mona Lisa é um óleo sobre madeira de álamo, pintado pelo renascentista italiano Leonardo da Vinci, entre os anos 1503 e 1506. Apesar das suas dimensões reduzidas (77 cm x 53 cm), o artista captou a representação uma mulher com olhar enigmático. Durante os séculos seguintes, especulou-se quem seria essa mulher misteriosa retratada por da Vinci.

Imaginemos a seguinte situação: se quisermos reproduzir esse quadro, guardando as proporções entre os lados, mas de forma tal que a área da nova pintura fosse de 16 324 cm², por quanto deveríamos multiplicar as medidas dos lados da obra original?

Solução

Área da pintura original 77 cm $\times$ 53 cm $= 4\,081$ cm² $\Rightarrow A_1 = 4\,081$ cm².

Área da reprodução: $A_2 = 16\,324$ cm².

Razão entre as áreas: $\dfrac{A_2}{A_1} = k^2 \Rightarrow \dfrac{16\,324}{4\,081} = k^2 \Rightarrow k^2 = 4 \Rightarrow k = 2$.

Se dois polígonos são semelhantes e a razão entre suas áreas é k^2, então a razão entre seus respectivos lados é k, onde k é a razão de proporcionalidade.

Assim, as medidas dos lados da obra original devem ser **multiplicadas por 2**.

6.6 Proposta 6 – conexão com a Arquitetura

A Geometria estará sempre conectada à Arquitetura, em qualquer projeto arquitetônico que se conceba. As formas geométricas, as proporções, as simetrias serão sempre presentes. É o caso do exemplo que segue.

Suponhamos um retângulo *ABCD*, cujos lados medem $a + b$ e a como mostra a figura seguinte.

Figura 11 – Retângulo Áureo

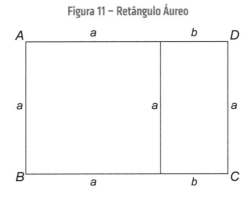

Fonte: elaborado pelo autor, 2022.

A razão $r = \dfrac{a+b}{a}$ é chamada de razão áurea também chamada de "número áureo", "razão áurea", "seção áurea", "proporção áurea", "proporção de ouro", "número de ouro", "média e extrema razão". A razão áurea é representada pela letra grega Φ (fi) onde $\Phi = \dfrac{1+\sqrt{5}}{2} \cong 1{,}618033...$

Essa razão foi muito utilizada pelos gregos em sua arquitetura. A figura a seguir mostra essa construção, chamada Partenon, localizada sobre a Acrópole, no centro de Atenas e dedicada à deusa grega Atena. O contorno em verde na fotografia mostra como seriam as dimensões originais desse templo.

Figura 12 – Representação da proporção áurea aplicada sobre imagem do Partenon

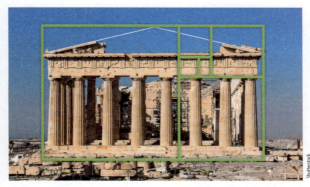

Por estar em ruínas, as medidas hoje tomadas não são muito precisas. Sua frente é um retângulo de aproximadamente 30 metros. Considerando que atura e base desse retângulo respeitam a proporção áurea, qual deve ser, em metros, aproximadamente, a altura original o Partenon? Considere $\Phi = 1,62$.

Solução
Considerando que $\dfrac{b}{h} = \Phi \Rightarrow h = \dfrac{b}{\Phi} \Rightarrow h = \dfrac{30}{1,62} \Rightarrow h \cong 18,52$ m.

6.7 Proposta 7 – conexão com a Geologia

Há duas escalas logarítmicas para se medir a intensidade de um abalo sísmico: a escala Richter e a de Magnitude Momento (abrevia-se MMM e denota-se M_w). Em se tratando desses fenômenos geológicos, pode-se estabelecer uma conexão com a Estatística. O tema pode ser aproveitado, propondo-se uma pesquisa mais minuciosa.

Foi um sismólogo norte-americano, Charles F. Richter (1900 – 1985), quem criou essa escala para medir a magnitude de um terremoto, depois de coletar dados sobre inúmeros desses fenômenos ocorridos anteriormente. Essa escala quantifica a energia liberada em quilowatt-hora no foco do terremoto. A intensidade assim medida inicia-se no zero e seria infinita, mas não se registrou nenhum terremoto com magnitude nula e nem igual ou superior a 10 .

O quadro seguinte relaciona a intensidade de um terremoto com os danos que ele provoca.

Quadro 5 – Intensidade de terremoto x danos provocados

INTENSIDADE	DANOS PROVOCADOS
Inferiores a 3,5 graus	Raramente são notados
De 3,6 a 5,4 graus	Geralmente sentidos, mas raramente causa danos
Entre 5,5 a 6,0 graus	Provocam pequenos danos em edifícios bem estruturados, mas com efeitos devastadores em edificações de estrutura precária.
De 6,1 a 7,9 graus	Causa destruição em áreas de até 10 km de raio
De 8,0 a 8,9 graus	É considerado um abalo fortíssimo, causando a destruição de infraestrutura urbana.
De 9,0 em diante	Destruição total

Fonte: Brasil Escola[4].

Como vimos, na escala Richter a intensidade I de um terremoto, medida em kWh é um número que varia de $I = 0$ até $I = 0,9$. O terremoto de maior intensidade atingiu 9,5 na escala Richter e ocorreu na Cidade da Valdivia, no Chile, em 22 de maio de 1960. A intensidade, nessa escala, pode ser medida pela fórmula seguinte.

$$I = \frac{2}{3} \cdot \log_{10}\left(\frac{E}{E_0}\right)$$

Em que $E_0 = 7 \cdot 10^{-3}$ kWh. Qual a energia liberada por terremoto de intensidade 6 na escala Richter?

---

4   FRANCISCO, Wagner de Cerqueira e. Escala Richter. **Brasil Escola**. Disponível em: https://brasilescola.uol.com.br/geografia/escala-richter.htm. Acesso em 03 de abril de 2022.

Solução

a) $I = 6 \Rightarrow 6 = \dfrac{2}{3} \cdot \log_{10}\left(\dfrac{E}{7 \cdot 10^{-3}}\right) \Rightarrow 9 = \log_{10}\left(\dfrac{E}{7 \cdot 10^{-3}}\right)$

$\dfrac{E}{7 \cdot 10^{-3}} = 10^9 \Rightarrow E = 10^9 \cdot 7 \cdot 10^{-3} \Rightarrow E = 7 \cdot 10^6 \text{ kWh}$

6.8 Proposta 8 – conexão com Educação Financeira

Nessa fase de escolaridade, os e as estudantes devem dominar as duas modalidades de juros (simples e compostos). Vamos ao exemplo: um capital C foi aplicado à taxa de 5% ao mês, rendendo montante conforme indica o gráfico a seguir.

Gráfico 2 – Renda de aplicação

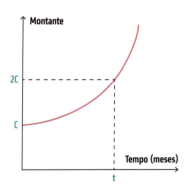

Fonte: elaborado pelo autor, 2022.

Considerando que $\log_{12}2 = 0{,}30$ e que $\log_{10}1{,}05 = 0{,}02$, determine o tempo, em meses, necessário para que o montante seja o dobro do capital aplicado.

Solução

O montante deve ser depois de um tempo t: $M = C(1{,}05)^t$.

Mas o problema pede que $M = 2C$; logo:

$C(1{,}05)^t = 2C \Rightarrow (1{,}05)^t = 2 \Rightarrow \log_{10}(1{,}05)^t = \log_{10}2$

$t \cdot \log_{10}(1{,}05) = \log_{10}2 \Rightarrow t = \dfrac{\log_{10}2}{\log_{10}(1{,}05)}$

$t = \dfrac{0{,}30}{0{,}02} \Rightarrow t = 15$

6.9 Proposta 9 – conexão com a Física

Um dos ramos do conhecimento que mais proporcionam conexão com a Matemática é a Física. No entanto, devemos destacar que, além dos conceitos de Funções, Trigonometria, Geometria (Plana e Espacial), um conceito de suma importância é o de proporcionalidade; é o que vamos explorar neste exemplo.

A Energia cinética E de um corpo é diretamente proporcional à sua massa M e ao quadrado de sua velocidade v. Um corpo de massa igual a 10 kg, move-se a uma velocidade de 4 m/s tem 8 J de energia cinética. Encontre a energia cinética necessária para que um carro de massa igual 4,5 toneladas se move a uma velocidade de 60 km/h.

Solução

Vamos incialmente escrever a sentença matemática que descreve a presente situação problema:

$$\frac{E}{M.v^2} = k > E = k \cdot M \cdot v^2$$

Determinemos o valor da constante k.

$$\frac{8}{10.4^2} = k \Rightarrow k = \frac{1}{20} \text{ ; logo: } E = \frac{1}{20} \cdot M \cdot v^2$$

Sabemos 5,5 T = 4 500 kg . Vamos transformar km/h em m/s

$$\frac{60 \text{ km}}{1\text{h}} = \frac{60\,000 \text{ m}}{3\,600 \text{ s}} = \frac{50}{3} \text{ m/s}$$

Teremos que, $E = \frac{1}{20} \cdot 4500 \cdot \left(\frac{50}{3}\right)^2 = 62\,500 \Rightarrow E = 62\,500$ J

6.10 Proposta 10 – conexão com a Língua Portuguesa

A capacidade de estudantes de interpretarem códigos, símbolos e de estabelecerem raciocínios lógicos, aproximam as duas linguagens: uma nascida da Língua Portuguesa e outra, gestada pela Matemática. Essas duas linguagens são mais próximas do que inicialmente possa parecer. Nisso, é claro, se inclui também a Literatura, como no exemplo seguinte, em que vamos explorar a ideia de sequência.

A literatura de cordel tem sua origem em Portugal, com os trovadores medievais dos séculos XII e XIII. É composta por poemas que devem ser lidos em voz alta. Antigamente, esses poemas eram apresentados em folhetins comercializados nas feiras livres e também expostos para venda em varais ou cordas, daí o nome.

Eles seguem métrica e rimas rigorosas; se não forem respeitadas, o poema não pode ser considerado um cordel. Há vários modelos: sextilha, setilha, décima, martelo agalopado e martelo à beira-mar. Vejamos um modelo, a setilha; depois, responda o questionamento.

A setilha tem estrofes de sete versos, em que rimam o 2º, 4º e 7º versos e o 5º rima com o 6º. Como exemplo, segue o cordel "As coisas do meu sertão", do poeta Zé Bezerra de Carvalho[5].

---

5   CARVALHO, Zé Bezerra de. As coisas do meu sertão. **Guia de Estudo**, 01 mar. 2019. Disponível em: https://www.guiaestudo.com.br/literatura-de-cordel. Acesso em: 03 abr. 2022.

1º Já falei de saudade [não rima]
2º Tristeza e ingratidão [rima 1]
3º De amor e de prazer [não rima]
4º E cantei de emoção [rima 1]
5º Quero agora cantar [rima 2]
6º E também quero falar [rima 2]
7º Das coisas do meu sertão [rima 1]

Considerando os 7 versos seguintes, se as rimas forem as mesmas e mantidas na mesma ordem, assinale a proposição correta:

a) o 8º irá rimar com o 3º;

b) o 2º irá rimar com o 9º;

c) o 9º não rima com nenhum dos outros;

d) o 14º rima com o 5º;

e) o 6º e o 10º rimam um com o outro

Alternativa correta (b).

CONSIDERAÇÕES FINAIS

Esperamos que muitas novas ideias venham a surgir com base nessa breve incursão pelo tema das conexões entre a Matemática e outras áreas do conhecimento! Evidentemente que uma boa sintonia com educadoras e educadores de outras áreas do conhecimento e uma participação efetiva das coordenações escolares podem fazer com que a riqueza pedagógica se amplie muito. No entanto, promover aulas de Matemática centradas nas conexões e na contextualização não depende só do envolvimento de toda equipe pedagógica. Os e as estudantes são aliados importantes nesse propósito e podem se interessar em participar ativamente na busca dessas conexões e no percurso em direção a aprendizagens mais significativas.

Pode surgir um questionamento: é possível estabelecer essas conexões em todas as atividades de sala de aula? Diríamos que nem sempre, mas esse é o propósito do qual devemos estar imbuídos. É preciso percorrer um caminho natural e necessário para chegarmos aos nossos objetivos

Demos, ao longo do texto, alguns exemplos, mas são apenas um começo de conversa. Há certamente inúmeras outras possibilidades além das que sugerimos. Temas contemporâneos como Saúde, Meio Ambiente, Trabalho, Consumo, Diversidade Cultural   podem ser trabalhados com grande proveito nas aulas de Matemática. Aí, a estatística é uma ferramenta poderosa para ser usada com tabelas e gráficos. Além da estatística, as funções exponenciais, logarítmica, quadrática e afim podem ser empregadas. Enfim, professor(a), as conexões estão à nossa volta, precisamos encontrá-las e trazê-las para a sala de aula. Este é o desafio que temos pela frente!

REFERÊNCIAS

BRASIL. Conselho Nacional de Educação; Câmara de Educação Básica. **Parecer nº 11**, de 7 de julho de 2010. Diretrizes Curriculares Nacionais para o ensino fundamental de 9 (nove) anos. Diário Oficial da União, Brasília, 9 de dezembro de 2010, Seção 1, p. 28.

BRASIL. Ministério da Educação. **Base Nacional Comum Curricular**. Brasília, 2018.

BRASIL, Ministério da Educação, (1997). **Parâmetros Curriculares Nacionais para o Ensino Fundamental**. Brasília, MEC/SEF. BRASIL, 2011 Parecer CNE/CEB n. 5/2011.

D'AMBRÓSIO, Ubiratan. A história da matemática: questões historiográficas e políticas e reflexos na Educação Matemática. In. BICUDO, Maria Aparecida V. (Org.). **Pesquisa em Educação Matemática**: Concepções & Perspectivas, Editora UNESP, São Paulo, 1999.

REGO, Teresa Cristina. Lev Vygotsky: o teórico do ensino como processo social. **Revista Nova Escola Grandes Pensadores**. São Paulo, nº 19, Ed. Abril, julho de 2008.

PARA SABER MAIS

D'AMBRÓSIO, UBIRATAN. Educação Matemática: uma visão crítica do estado da arte. **Revista Proposições**, Vol. 4 Nº 1 (10), março de 1993.

FAZENDA, I. **Interdisciplinaridade**: história, teoria e pesquisa. São Paulo: Papirus, 1994.

GARDNER, H. **Inteligências múltiplas**: a teoria na prática. Porto Alegre: Artes Médicas, 1995.

JAPIASSU, H. **Interdisciplinaridade e patologia do saber**. Rio de Janeiro: Imago, 1976.

LIMA, Elon Lages. **Matemática e ensino**. Rio de Janeiro: SBM, 2001

NACHMANOVITCH, Stephen. **Ser criativo**: o poder da improvisação na vida e na arte. 5ª ed. Trad. Eliane Rocha. São Paulo: Summus, 1993.

NCTM – **Normas para o Currículo e a Avaliação em Matemática Escolar**. Tradução portuguesa: Standards do National Council of Teachers of Mathematics (NCTM). Ministério da Educação de Portugal. Instituto de Inovação Educacional. Lisboa,1991.

POSO, J. J. (org.). **A solução de problemas**: aprender a resolver, resolver para aprender. Trad. Beatriz Affonso Neves. Porto Alegre: Artmed, 1998.

THIESEN, JUARES DA SILVA. A interdisciplinaridade como um movimento articulador no processo ensino-aprendizagem. **Revista Brasileira de Educação**, v.13, n.39, p.545-554, set/dez. 2008.

Central de Atendimento
E-mail: atendimento@editoradobrasil.com.br
Telefone: 0300 770 1055

Redes Sociais
facebook.com/editoradobrasil
youtube.com/editoradobrasil
instagram.com/editoradobrasil_oficial
twitter.com/editoradobrasil
@editoradobrasiloficial

Acompanhe também o Podcast Arco43!

Acesse em:

www.editoradobrasil.podbean.com

ou buscando por Arco43 no seu agregador ou player de áudio

Spotify   Google Podcasts   Apple Podcasts

www.editoradobrasil.com.br